Idongesit Sampson

Avanços no Craqueamento Catalítico Fluido

Idongesit Sampson

Avanços no Craqueamento Catalítico Fluido

ScienciaScripts

Imprint

Any brand names and product names mentioned in this book are subject to trademark, brand or patent protection and are trademarks or registered trademarks of their respective holders. The use of brand names, product names, common names, trade names, product descriptions etc. even without a particular marking in this work is in no way to be construed to mean that such names may be regarded as unrestricted in respect of trademark and brand protection legislation and could thus be used by anyone.

Cover image: www.ingimage.com

This book is a translation from the original published under ISBN 978-620-2-06090-5.

Publisher:
Sciencia Scripts
is a trademark of
Dodo Books Indian Ocean Ltd. and OmniScriptum S.R.L publishing group

120 High Road, East Finchley, London, N2 9ED, United Kingdom
Str. Armeneasca 28/1, office 1, Chisinau MD-2012, Republic of Moldova, Europe
Printed at: see last page
ISBN: 978-620-8-24440-8

Copyright © Idongesit Sampson
Copyright © 2024 Dodo Books Indian Ocean Ltd. and OmniScriptum S.R.L publishing group

RESUMO

O Cracking Catalítico Fluidizado (FCC) passou por um período notável de inovação que resultou na sua posição de liderança como ativo de refinaria primária e secundária na maioria das refinarias de alta conversão. Com o FCC, os hidrocarbonetos pesados são transformados em produtos úteis. A gasolina produzida é de elevado índice de octanas. A história deste processo começou no laboratório de um homem (Houndry) e foi catapultada pela emergência da Segunda Guerra Mundial para um dos principais meios de produção de combustível para jactos de aviação. A proeminência da unidade de FCC continuou a aumentar após a guerra no mundo da refinação. A unidade de FCC passou por uma série de mudanças fundamentais em termos de inovação, incluindo o advento da catálise de zeólito, craqueamento de resíduos, melhoramento de resíduos, catcracking fluido, craqueamento catalítico profundo e, mais recentemente, como um motor para a produção de matérias-primas químicas: Propylene Rich Feed (PRF). Butene Rich Feed (BRF) e óleo de decantação, para além de gás combustível e coque. Além disso, os mercados mundiais de combustíveis estão agora a mudar para o gasóleo, o que mais uma vez constitui uma força motriz para novas inovações. Embora a unidade FCC seja uma tecnologia madura, está longe de estar estagnada. As próximas décadas continuarão certamente a registar esta tendência.

ÍNDICE DE CONTEÚDOS

ABREVIATURAS

Abreviatura	Definição
API	American Petroleum Institute
ASTM	American Standards for Testing Materials
BRF	Butylene Rich Feed
CRA	Catalytic Research Associates
DCC	Deep Catalytic Cracking
DCO	Decant Oil
ESP	Electrostatic Precipitator
FCC	Fluid Catalytic Cracking
FCCU	Fluid Catalytic Cracking Unit
FG	Fuel Gas
HGO	Heavy Gas Oil
LGO	Light Gas Oil
LPG	Liquefied Petroleum Gas
MIT	Massachutes Institute of Technology
MON	Motor Octane Number

MTBE	Methyl Butene Ethylene
PRF	Propylene Rich Feed
REY	Re - exchanged Zeolites
RON	Research Octane Number
TCC	Thermofor Catalytic Cracking
USY	Catalyst Type
VGO	Vacuum Gas Oil

CAPÍTULO 1
INTRODUÇÃO

1.0. Cracking Catalítico Fluido

Um leito fluidizado é um leito de sólidos ou partículas empacotadas. Um aumento da velocidade das partículas devido ao aquecimento aumenta a queda de pressão (AP) das partículas e a força de arrastamento sobre as partículas.

Num determinado momento, o AP contrabalança o peso do leito e as partículas começam a ficar suspensas no fluido. Neste ponto, as partículas comportam-se como fluido e podem fluir através de tubos. A fluidização aumenta a mistura íntima, a rápida transferência de calor e a temperatura uniforme.

O cracking catalítico fluido (FCC) é um dos processos de conversão mais importantes utilizados nas refinarias de petróleo. É amplamente utilizado para converter fracções de hidrocarbonetos do petróleo com elevado ponto de ebulição e elevado peso molecular em gasolina mais valiosa, gases de olefinas e outros produtos (Garry & Handwerk, 2001; Speight, 2006; Sadeghbeigi, 2000). O craqueamento dos hidrocarbonetos de petróleo era originalmente efectuado por craqueamento térmico, que foi completamente substituído pelo craqueamento catalítico porque produz mais gasolina com um índice de octanas mais elevado. Produz também gases subprodutos que são mais olefínicos e mais valiosos do que os produzidos pelo cracking térmico. A matéria-prima para um FCC é normalmente a parte do petróleo bruto que tem um ponto de ebulição inicial de 340 °C ou superior à pressão atmosférica e um peso molecular médio entre 200 e 600 ou superior. Esta parte do petróleo bruto é frequentemente designada por gasóleo pesado ou gasóleo de vácuo (HVGO). O processo FCC vaporiza e quebra as moléculas de cadeia longa dos hidrocarbonetos líquidos de ponto de ebulição elevado em moléculas muito mais curtas, através do contacto da matéria-prima, a alta temperatura e pressão moderada, com um catalisador em pó fluidizado. Com efeito, as refinarias utilizam o cracking catalítico fluido para corrigir o desequilíbrio entre a procura de gasolina no mercado e o excesso de produtos pesados e de elevado ponto de ebulição resultantes da destilação do petróleo bruto.

1.0.1. História do cracking catalítico fluido

A primeira utilização comercial do craqueamento catalítico ocorreu em 1915, quando Almer M. McAfee, da Gulf Refining Company, desenvolveu um processo descontínuo utilizando cloreto de alumínio (um catalisador de Friedel Crafts conhecido desde 1877) para craquear cataliticamente óleos de petróleo pesados. No entanto, o custo proibitivo do catalisador impediu a utilização generalizada do processo de McAfee nessa altura (Speight,2006; Palucka,2005).

Em 1922, um engenheiro mecânico francês chamado Eugene Jules Houdry e um farmacêutico francês chamado E.A. Prudhomme montaram um laboratório perto de Paris para desenvolver um processo catalítico para converter carvão de lenhite em gasolina. Com o apoio do governo francês, construíram uma pequena fábrica de demonstração em 1929 que processava cerca de 60 toneladas por dia de carvão de lenhite. Os resultados indicaram que o processo não era economicamente viável e foi posteriormente encerrado (Avidan etal.,1990; Houndry,2013; Murphree & Horsemen,2016).

Houdry tinha descoberto que a Terra de Fuller, um mineral argiloso que contém aluminossilicato ($Al_2 SiO_6$), podia converter o óleo derivado da lenhite em gasolina. Começou então a estudar a catálise dos óleos de petróleo e teve algum sucesso na conversão de óleo de petróleo vaporizado em gasolina. Em 1930, a Vacuum Oil Company convidou-o a vir para os Estados Unidos e ele transferiu o seu laboratório para Paulsboro, Nova Jersey.

Em 1931, a Vacuum Oil Company fundiu-se com a Standard Oil of New York (Socony) para formar a Socony-Vacuum Oil Company. Em 1933, uma pequena unidade de processamento Houdry processava 200 barris por dia (32 m^3 /d) de óleo de petróleo. Devido à depressão económica do início da década de 1930, a Socony-Vacuum deixou de poder apoiar o trabalho de Houdry e deu-lhe autorização para procurar ajuda noutro local.

Em 1933, a Houdry e a Socony-Vacuum juntaram-se à Sun Oil Company para desenvolver o processo Houdry. Três anos mais tarde, em 1936, a Socony-Vacuum converteu uma antiga unidade de craqueamento térmico na sua refinaria de Paulsboro, em Nova Jersey, numa pequena unidade de demonstração que utilizava o processo Houdry para craquear cataliticamente 2.000 barris por dia (320 m^3 /d) de petróleo.

Em 1937, a Sun Oil iniciou o funcionamento de uma nova unidade Houdry que processava 12.000 barris por dia (1.900 m^3 /d) na sua refinaria de Marcus Hook, na Pensilvânia. Nessa altura, o processo Houdry utilizava reactores com um leito fixo de catalisador e era uma operação de semi-batelada que envolvia vários reactores, estando alguns deles em funcionamento enquanto outros se encontravam em várias fases de regeneração do catalisador. Foram utilizadas válvulas motorizadas para comutar os reactores entre o funcionamento em linha e a regeneração fora de linha e um temporizador de ciclo geria a comutação. Quase 50 por cento do produto de craqueamento era gasolina, em comparação com cerca de 25 por cento dos processos de craqueamento térmico (Avidan *etal.,* 1990; Houndry,2013; Murpree & Horsemen,2016).

Em 1938, quando o processo Houdry foi anunciado publicamente, a Socony-Vacuum tinha oito unidades adicionais em construção. O licenciamento do processo a outras empresas também começou e, em 1940, havia 14 unidades Houdry em funcionamento, processando 140.000 barris por dia (22.000 m^3 /d).

A etapa seguinte consistiu em desenvolver um processo contínuo em vez do processo Houdry em regime de semibatelada. Este passo foi implementado com o advento do processo de leito móvel conhecido como processo de cracking catalítico Thermofor (TCC) que utilizava um transportador-elevador de baldes para mover o catalisador do forno de regeneração para a secção separada do reator. Uma pequena unidade de demonstração semicomercial de TCC foi construída na refinaria Paulsboro da Socony-Vacuum em 1941 e funcionou com sucesso, produzindo 500 barris por dia (79 m^3 /d). Em seguida, uma unidade comercial de TCC em grande escala, processando 10.000 barris por dia (1.600m^3 /d), começou a operar em 1943 na refinaria de Beaumont, Texas, da Magnolia Oil

Company, uma afiliada da Socony-Vacuum. No final da Segunda Guerra Mundial, em 1945, a capacidade de processamento das unidades de TCC em operação era de cerca de 300.000 barris por dia (48.000 m³ /d).

Diz-se que as unidades Houdry e TCC foram um fator importante na vitória da Segunda Guerra Mundial, fornecendo a gasolina de alta octanagem necessária às forças aéreas da Grã-Bretanha e dos Estados Unidos (Avidan eta/.,1990; Houndry,2013; Murphree & Horsemen,2016).

Nos anos imediatamente a seguir à Segunda Guerra Mundial, o processo Houdriflow e o processo TCC de transporte aéreo foram desenvolvidos como variações melhoradas do tema do leito móvel. Tal como os reactores de leito fixo de Houdry, os projectos de leito móvel constituíram exemplos de boa engenharia ao desenvolverem um método de deslocação contínua do catalisador entre o reator e as secções de regeneração. A primeira unidade de TCC de transporte aéreo começou a funcionar em outubro de 1950 na refinaria de Beaumont, Texas.

Este processo de cracking catalítico fluido foi investigado pela primeira vez na década de 1920 pela Standard Oil of New Jersey, mas a investigação foi abandonada durante os anos de depressão económica de 1929 a 1939. Em 1938, quando o sucesso do processo de Houdry se tornou evidente, a Standard Oil of New Jersey retomou o projeto como parte de um consórcio que incluía cinco empresas petrolíferas (Standard Oil of New Jersey, Standard Oil of Indiana, Anglo-Iranian Oil, Texas Oil e Dutch Shell), duas empresas de engenharia e construção (M.W. Kellogg e Universal Oil

Products) e uma empresa química alemã (LG. Farben). O consórcio chamava-se Catalytic Research Associates (CRA) e o seu objetivo era desenvolver um processo de cracking catalítico que não colidisse com as patentes de Houdry (Avidan etal.,1990; Houndry,2013; Murphrey & Horsemen,2016).

Os professores de engenharia química Warren K. Lewis e Edwin R. Gilliland do Massachusetts Institute of Technology (MIT) sugeriram aos investigadores do CRA que um fluxo de gás a baixa velocidade através de um pó poderia "levantá-lo" o suficiente para o fazer fluir de forma semelhante a um líquido. Com base nessa ideia de um catalisador fluidizado, os investigadores Donald Campbell, Homer Martin, Eger Murphree e Charles Tyson da Standard Oil of New Jersey (atualmente Exxon-Mobil Company) desenvolveram a primeira unidade de cracking catalítico fluidizado. A sua Patente dos EUA n.º 2.451.804, *A Method of and Apparatus for Contacting Solids and Gases,* descreve a sua invenção histórica. Com base no seu trabalho, a M. W. Kellogg Company construiu uma grande unidade piloto na refinaria de Baton Rouge, Louisiana, da Standard Oil of New Jersey. A fábrica piloto começou a funcionar em maio de 1940.

Com base no sucesso da unidade piloto, a primeira unidade comercial de cracking catalítico fluido (conhecida como FCC Modelo I) começou a processar 13.000 barris por dia (2.100 m^3 /d) de petróleo na refinaria de Baton Rouge em 25 de maio de 1942, apenas quatro anos após a formação do consórcio CRA e em plena Segunda Guerra Mundial. Pouco mais de um mês depois, em julho de 1942, estava a processar 17.000 barris por dia

(2.700 m^3 /d). Em 1963, essa primeira unidade de FCC Modelo I foi encerrada após 21 anos de operação e posteriormente desmontada (Avidan *etal.* 1990; Houndry,2013; Murphree & Horsemen,2016).

Nas muitas décadas que se seguiram ao início do funcionamento da unidade FCC Modelo I, as unidades Houdry de leito fixo foram todas desactivadas, tal como a maioria das unidades de leito móvel (como as unidades TCC), tendo sido construídas centenas de unidades FCC. Durante essas décadas, foram desenvolvidos muitos projectos de FCC melhorados e os catalisadores de craqueamento foram muito aperfeiçoados, mas as unidades de FCC modernas são essencialmente as mesmas que a primeira unidade de FCC Modelo I.

Desde 1942, o FCC foi introduzido pela Exxon Corporation nos Estados Unidos em resposta à crescente necessidade de combustíveis à base de hidrocarbonetos em tempo de guerra. Uma FCCU aceita cadeias de hidrocarbonetos e quebra-as em cadeias mais pequenas num processo químico chamado cracking. Isto permite que as refinarias utilizem os seus recursos de petróleo bruto de forma mais eficiente, incluindo mais produtos, como a gasolina, para os quais existe uma grande procura.

Em 1930, o conceito de FCCU começou a ser desenvolvido. Os cientistas projectaram uma FCCU que funcionaria em modo de ciclo contínuo, capaz de processar 13.000 barris de petróleo por dia.

Uma FCCU contínua tem um reator primário, uma coluna de destilação, para separar os hidrocarbonetos craqueados, e uma unidade de regeneração para limpar o catalisador e preparar a reutilização.

NOTA: A maioria dos nomes de empresas de refinarias nesta história foram alterados ao longo do tempo por fusões e aquisições. Algumas foram alteradas várias vezes.

1.0.2. Capacidade da fábrica

Em 2006, estavam em funcionamento unidades de FCC em 400 refinarias de petróleo em todo o mundo e cerca de um terço do petróleo bruto refinado nessas refinarias é processado num FCC para produzir gasolina e fuelóleos de alta octanagem. [2][4]Durante 2007, as unidades de FCC nos Estados Unidos processaram um total de 5.300.000 barris ($840.000m^3$) por dia de matéria-prima e as unidades de FCC em todo o mundo processaram cerca do dobro dessa quantidade.

CAPÍTULO 2

PROCESSOS E RESULTADOS

2.1. Processo FCC e rendimentos

O FCC é um processo de leito fluidizado constituído por um reator e uma secção de regeneração. Os catalisadores regenerados a quente são misturados com a alimentação de óleo cru durante um curto período de contacto (1-3 segundos) num riser.

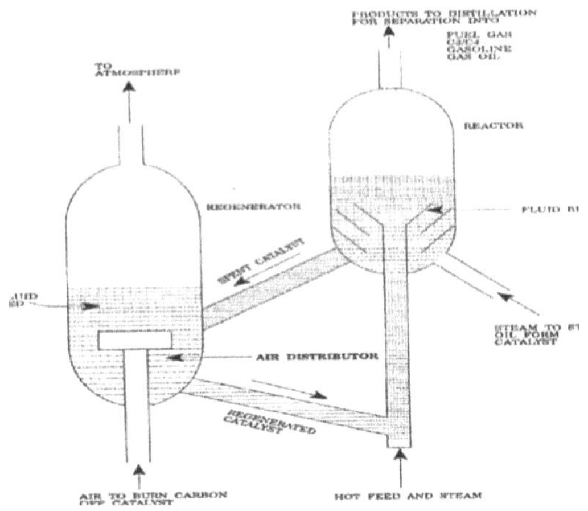

**Fig.2.1: Cracking catalítico por fluidização
Técnica**

Como parte da reação de craqueamento, alguns alimentos são convertidos em coque e depositado no catalisador. No final do tubo ascendente, o catalisador usado é separado dos produtos de craqueamento e encaminhado para baixo através de uma zona de remoção para o regenerador, onde o coque no catalisador é queimado (cerca de 1 % em peso). Isto restaura a atividade e a seletividade do catalisador.

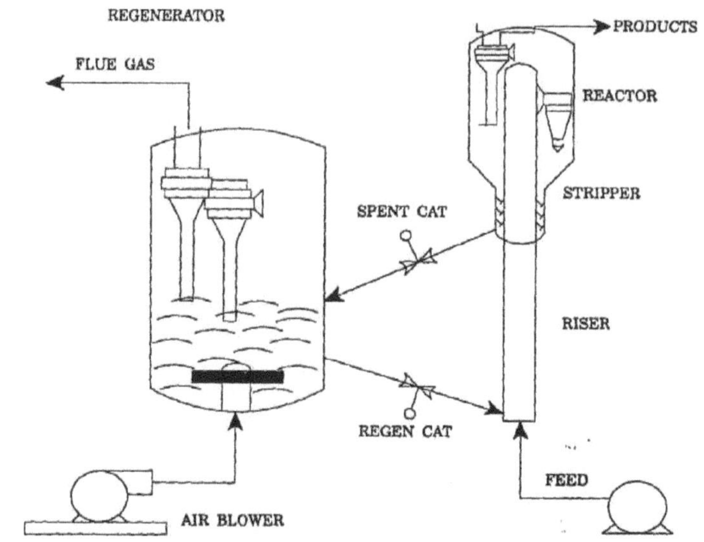

Fig. 2.2: Projeto típico de uma unidade de FCC moderna

O calor gerado no regenerador (cerca de 700°C) é absorvido pelo catalisador e é utilizado para aquecer e evaporar a alimentação e fornecer o calor de reação necessário. É necessário produzir coque suficiente no reator para manter a temperatura do reator (cerca de 500°C). Um excesso de coкe depositado no catalisador resulta em temperaturas demasiado elevadas no regenerador, excedendo as limitações metalúrgicas. A qualidade da alimentação e do catalisador tem um impacto importante no equilíbrio térmico da unidade. Devido à alta temperatura no regenerador e à presença de cerca de 20% de vapor, ocorre uma perda gradual da atividade do catalisador que deve ser compensada pela adição de catalisador fresco em cerca de 1-2% do inventário por dia. Isto também depende do nível de metais na alimentação. É necessário um consumo de catalisador muito mais elevado no cracking de resíduos.

2.2. Distribuição dos rendimentos dos produtos

A distribuição dos rendimentos dos produtos do processo de FCC é indicada na tabela 2.1. A conversão varia entre 60 e 80% e é normalmente definida como: 100 - LCO - Slurry (wt% ou vol% na alimentação). Uma parte importante do GPL é olefínica (C_3 =, C_4 =, iC_4 =) e é frequentemente convertida em unidades a jusante, como a alquilação e o MTBE. As olefinas C_3 podem ser melhoradas para alimentar a fábrica de polipileno. A elevada olefina dos produtos é explicada pela baixa pressão de funcionamento do reator (0,5-2,0 bar) e pelo mecanismo de reação.

Tabela 2.1: Produtos e rendimentos típicos de FCC

Product	Main components	Wt% on feed
Dry gas	H_2-C_2	2-5
LPG	$C_3 - C_4$	8-18
Gasoline	$C_5 - 221°C$	40-50
Light cycle oil	$221 - 350°C$	15-25
Slurry or bottoms	$350+°C$	5-20
Coke		4-6

2.3. Qualidade das matérias-primas

Embora seja geralmente aceite que a qualidade da matéria-prima influencia os octanos, existe frequentemente pouca flexibilidade para escolher matérias-primas FCC para uma operação de refinaria específica. No entanto, é importante reconhecer os tipos de matérias-primas que produzem números de octanas mais elevados e identificar os efeitos de alterações regulares na qualidade das matérias-primas ao monitorizar a operação. De importância primordial é a concentração de mono-aromáticos na matéria-prima. Através da alquilação das longas cadeias parafínicas, estes compostos podem ser convertidos em gasolina. Testes em instalações-piloto em laboratório provaram bem a relação entre MON e mono-aromáticos. No entanto, encontra-se muito pouco benzeno na gasolina de FCC (0,3 - 1,0wt%)

Os ensaios em instalações-piloto com óleos de ciclo leve e pesado tratados com hidrogénio demonstram a relação entre a MON e os monoaromáticos. Abaixo de um determinado nível de conversão de FCC, a relação deixa de ser válida, uma vez que não são quebradas moléculas suficientes de óleo de ciclo para se transformarem em gasolina.

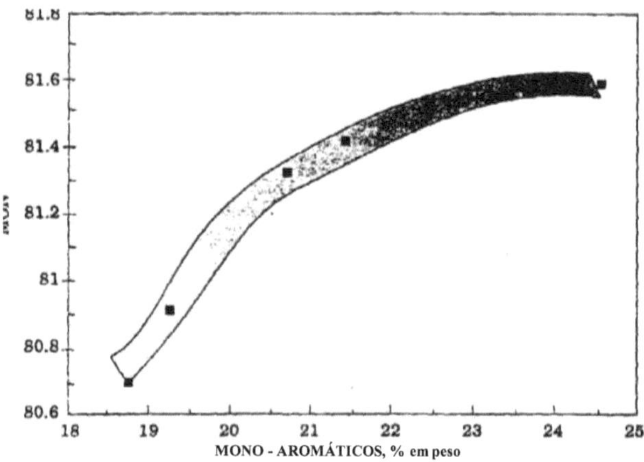

Fig.2.3: Efeito dos Aromáticos da Gasolina na Alimentação Fresca MON

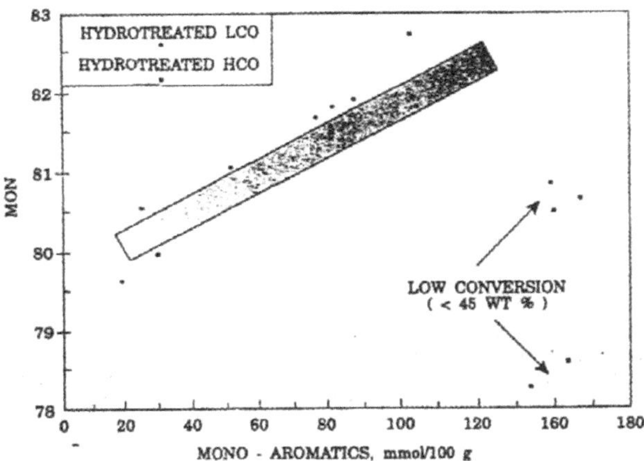

Fig.2.4: Fratura de óleos de ciclo tratados com hidrogénio

As moléculas de matérias-primas nafténicas também são atractivas, uma vez que podem ser craqueadas em compostos ramificados ou convertidas em aromáticos através da formação de anéis de nafteno olefínico. Estes naftenos olefínicos são formados por cracking de naftenos parafínicos. A relação nafteno/parafina média da matéria-prima pode ser correlacionada com o RON da gasolina: um aumento da relação C /C_{np} com 0,1 resulta num aumento de O,3-1,3RON.

Foram encontradas várias regras de ouro para quantificar razoavelmente bem os efeitos da matéria-prima, por exemplo:

- 0.5 RON/0. 1 K UOF or Watson
- 0.5 MON/0.1 K UOP or Watson

- 0.3 RON/1 API or + 0.5 RON/b kg/m^3
- 0.15 MON/1 API or + 0.25 RON/10 kg/m^3

Geralmente, estas alterações nos índices de octano são explicadas pelo teor de aromáticos. No entanto, esta relação nem sempre é aplicável, especialmente quando os aromáticos estão concentrados em compostos com vários anéis. Neste caso, um maior teor de aromáticos resultará numa maior produção de coque, o que pode reduzir a conversão e os índices de octano. O níquel, presente em alguns crudes em quantidades substanciais, actua como agente desidrogenante, aumentando a quantidade de aromáticos na gasolina e a produção de hidrogénio.

Os componentes polares e azotados influenciam negativamente a formação de aromáticos e, consequentemente, de octanos. A remoção destes compostos através, por exemplo, da dessulfuração tem um efeito positivo.

As matérias-primas para FCC tratadas com hidrogénio ou ligeiramente hidrocraqueadas têm normalmente um teor de aromáticos inferior ao das matérias-primas não tratadas. A um nível de conversão igual, isto pode conduzir a números de octanas inferiores. No entanto, devido à melhor craqueabilidade da alimentação, podem ser alcançadas conversões mais elevadas com o mesmo grau de severidade, melhorando assim os índices de octano e, em especial, os barris de octano.

2.3. Condições de funcionamento

As condições do processo são ajustadas para garantir a produção com a especificação do produto projetado e as percentagens de peso do produto projetado com base nas condições do cliente e do mercado.

As alterações nas condições de funcionamento podem ter um enorme impacto nos índices de octanas. Devido à complexidade do funcionamento do FCC e à inter-relação das variáveis de funcionamento, é necessário ter cuidado com as regras de ouro. Começaremos por discutir as três variáveis mais importantes, nomeadamente a conversão, a temperatura do reator e a gama de ebulição.

2.4. Conversão

A conversão de FCC é de importância primordial para aumentar o índice de octanas. Com uma conversão elevada, a gasolina caracteriza-se por uma elevada aromaticidade e ramificação. Uma grande parte dos componentes depressores do octano, como as parafinas normais e os naftenos parafínicos, foram convertidos. Além disso, a gasolina contém hidrocarbonetos mais curtos (no mesmo ponto de corte), como ilustrado (fig. 2.2), devido à concentração de aromáticos de alto ponto de ebulição. A relevância das cadeias mais curtas é bem vista com dados comerciais.

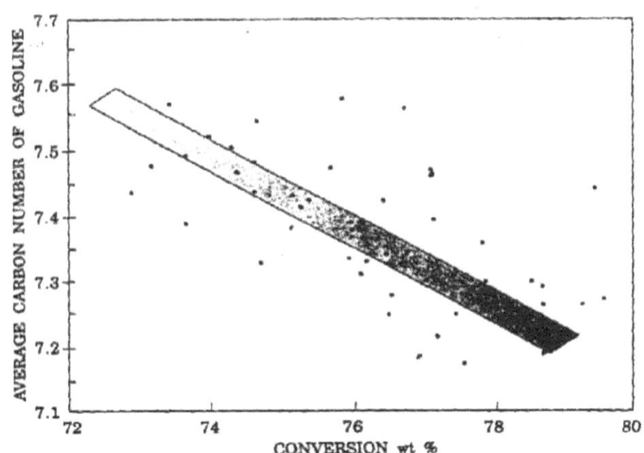

Fig.2.5: Efeito da conversão no número médio de carbono

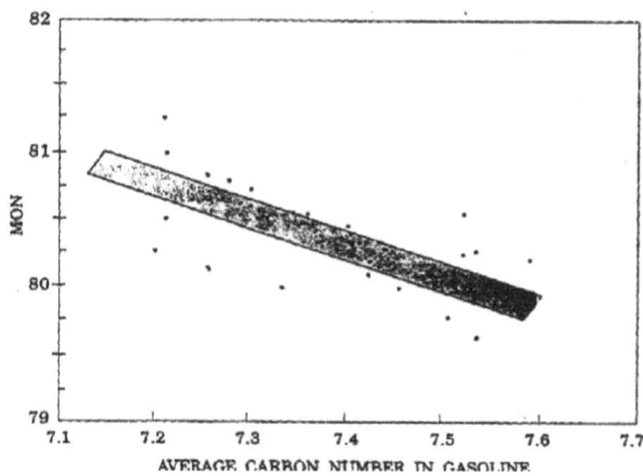

Fig.2.6: Efeito do número médio de carbono da gasolina no MON

Devido ao aumento dos compostos aromáticos e ramificados, os efeitos da conversão no MON são normalmente maiores do que no RON, pelo que a sensibilidade da gasolina é reduzida. São esperados grandes aumentos do RON e da MON quando a unidade de FCC funciona em regime de sobrefissuração, ou seja, a uma temperatura de saída do riser ou a uma razão gato/óleo elevadas. O overcracking é caracterizado por uma diminuição do rendimento da gasolina, devido ao recraqueamento das moléculas parafínicas e olefínicas da gasolina, concentrando ainda mais os aromáticos na gasolina, especialmente na fração pesada. As desvantagens deste tipo de operação são o aumento da produção de coque e o aumento do rendimento do gás seco.

2.6. Monitorização de unidades FCC

A monitorização e a otimização do desempenho de um "catcracker" podem aumentar significativamente as margens globais da refinaria. Exige uma recolha cuidadosa de dados e procedimentos de validação para garantir que é feita uma avaliação adequada e que são tiradas as conclusões corretas relativamente aos efeitos do catalisador. Os dados relevantes para este exercício incluem as condições da unidade, as propriedades da matéria-prima, os rendimentos e as qualidades dos produtos, bem como as análises de equilíbrio do catalisador.

2.7. Variáveis de processo

A monitorização da unidade inclui a recolha, validação e interpretação de dados. O número de medições disponíveis determinará a extensão da avaliação, os dados necessários podem ser os seguintes:

i. Caraterísticas das matérias-primas (densidade, índice de refração, enxofre, metais, etc.)

ii. Dados de balanço de massa (fluxos de produtos, densidades)

iii. Dados do balanço de calor (temperaturas, composição do gás de combustão, caudal de ar)

iv. Propriedades dos produtos essenciais (destilação, octanos, enxofre, viscosidade)

v. Análises de equilíbrio de catalisadores (atividade, área de superfície, metais).

Na maioria dos casos, os dados relativos ao balanço de calor e de massa estão disponíveis numa base contínua a partir do computador, as análises da alimentação e do produto são efectuadas periodicamente e as análises do catalisador de equilíbrio estão normalmente disponíveis uma vez por semana, Para minimizar as análises, uma boa definição das propriedades essenciais do produto é uma obrigação para o engenheiro da refinaria. Para além disso, é também importante que as análises essenciais sejam efectuadas a partir de amostras colhidas ao mesmo tempo.

Todas estas informações, em conjunto, permitem uma monitorização adequada da unidade FCC. A frequência das amostras de alimentação e de produto depende muito da dimensão da operação. A fiabilidade dos dados pode ser melhorada através de uma validação cuidadosa, que é um elemento essencial da monitorização da unidade.

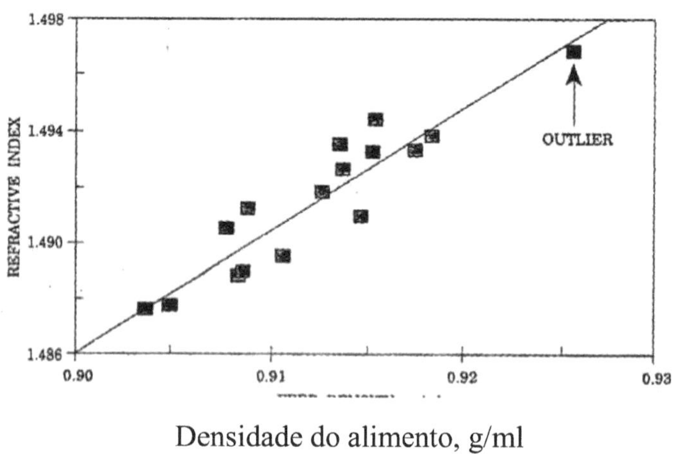

Densidade do alimento, g/ml

Fig.2.7: Validação das propriedades de alimentação do FCC.

Muitas vezes, ao traçar tendências ou ao analisar os dados, podem ser detectados valores atípicos. No entanto, um valor anómalo não tem necessariamente de ser um ponto de dados errado. Por exemplo, uma unidade que, na maior parte do tempo, opera com densidades de alimentação entre 0,900 e 0,920, de repente comunica uma densidade de 0,925. Este número parece suspeito. No entanto, ao traçar o índice de refração em função da densidade, verifica-se que esta densidade suspeita cai na linha esperada, como se mostra na figura 2.7.

As propriedades da matéria-prima são maioritariamente consideradas como variáveis independentes na operação de FCC. Outras variáveis independentes são os caudais e algumas temperaturas e pressões que, na sua maioria, são controladas por instrumentos e podem ser ajustadas arbitrariamente pelo operador para otimizar o desempenho. As variáveis dependentes reagem às alterações das variáveis independentes, por exemplo, para manter a unidade em equilíbrio térmico. As variáveis independentes que afectam o equilíbrio térmico podem ser classificadas, consoante afectem a produção de coque ou o delta de coque no catalisador.

Tabela 2.2: Variáveis independentes do FCC que influenciam o Balanço de Calor

Effect on coke yield	Effect on Delta coke
Feed rate	Feed properties
Feed preheat	Reactor pressure
Catalyst cooling	Catalyst activity
Air temperature/humidity	Catalyst selectivity
Effect on coke yield and delta coke	
Recyle feed rate riser outlet temperature	
Steam rates (dispersion, stripping)	

O rendimento de coque e o delta coque são exemplos de variáveis dependentes que só podem ser alteradas indiretamente, ou seja, através da manipulação de variáveis independentes. É necessário um procedimento de cálculo fastidioso para estimar estas alterações ou prever corretamente os efeitos das variáveis independentes. Isto é semelhante para variáveis como o octano da gasolina e a conversão da unidade.

A monitorização da unidade pode ser aplicada para efetuar estes cálculos com base em dados operacionais anteriores, utilizando estatísticas simples. Por exemplo, os efeitos de alterações frequentes da qualidade da matéria-prima nos rendimentos e propriedades do produto podem ser previstos com base na experiência existente. Ao avaliar a mudança para um novo catalisador, os mesmos cálculos podem ser utilizados para normalizar os dados da unidade em condições e qualidade de alimentação constantes. Em geral, os efeitos das condições da unidade e da qualidade da alimentação são imediatamente visíveis nos dados diários de desempenho, enquanto os efeitos do catalisador são normalmente notados a mais longo prazo.

2.8. Caracterização das matérias-primas

O petróleo não é um material uniforme. De facto, a sua composição pode variar não só com a localização e a idade do campo petrolífero, mas também com a profundidade do poço individual. O petróleo é uma mistura complexa de hidrocarbonetos mais compostos orgânicos de enxofre, oxigénio e nitrogénio, bem como compostos contendo constituintes metálicos, particularmente vanádio, níquel, ferro e cobre.

Está bem estabelecido que o petróleo bruto é composto por hidrocarbonetos que contêm grupos parafínicos, nafténicos e aromáticos. Os grupos olefínicos não são normalmente encontrados nos petróleos brutos, mas existem em stocks de cracking. Outros componentes do petróleo bruto que são importantes para a caraterização da matéria-prima para FCC. Estes componentes aparecem em toda a gama de ebulição do petróleo bruto, mas tendem a concentrar-se nas fracções mais pesadas e nos resíduos não voláteis. Embora a sua concentração em determinadas fracções possa ser bastante reduzida, a sua influência pode ser importante.

Tabela 2.3 Efeitos de alguns componentes do crude nas operações da refinaria

Inorganic salts	Deposition causes plugging of refinery operations
Inorganic chlorides	Thermal decomposition will give hydrochloric acid, which can give rise to serious corrosion problems in the distillation section
Na, Ni, V-compounds	Metals cause catalyst poisoning and deactivation
Organic acids	Organic acids can promote metallic corrosion
Nitrogen compounds	Chemisorption on the catalyst of these compounds will result in temporary deactivation

Todos os constituintes acima mencionados podem estar presentes na matéria-prima do FCC em quantidades variáveis, uma vez que a alimentação do FCC não contém apenas gasóleo de vácuo, mas frequentemente também óleo residual, gasóleos de coque, extractos de lubrificantes e slops. A capacidade de fissuração da alimentação de FCC é controlada pela composição dos hidrocarbonetos e pelo nível de confinamento (azoto, Co, carbono, asfaltenos).

Existem vários métodos para estimar a composição de hidrocarbonetos ou a distribuição de átomos de carbono da alimentação, tal como publicado pela ASTM e API. No entanto, o desempenho da unidade é frequentemente explicado de forma adequada utilizando algumas das análises básicas, como a densidade, o índice de refração ou o ponto de anilina diretamente, ou seja, sem conversão em dados de composição. A distribuição dos átomos de carbono pode, por vezes, ser utilizada para estimar a capacidade máxima de fissuração da matéria-prima. No entanto, as limitações actuais da unidade de FCC não permitem frequentemente atingir este nível de conversão.

Podem ser efectuadas correlações semelhantes às apresentadas utilizando o índice de refração ou o ponto de anilina F da alimentação. Quando ocorrem grandes variações na gama de ebulição da alimentação, o fator UOP ou Watson J.R, calculado a partir do ponto de ebulição médio e da densidade, pode ser útil. Um outro parâmetro simples é o teor de hidrogénio, que pode ser útil especialmente para as alimentações tratadas com hidrogénio. Existem diferentes métodos para a estimativa do hidrogénio, dependendo da alimentação disponível.

2.9. Descrição do processo

As unidades de modem FCC são todas processos contínuos que funcionam 24 horas por dia durante 2 a 3 anos entre paragens programadas para manutenção de rotina.

Foram desenvolvidas várias concepções proprietárias diferentes para unidades de modem FCC. Cada projeto está disponível ao abrigo de uma licença que tem de ser adquirida ao criador do projeto por qualquer empresa de refinação de petróleo que deseje construir e operar um FCC de um determinado projeto.

Existem duas configurações diferentes para uma unidade de FCC: o tipo "empilhado" em que o reator e o regenerador de catalisador estão contidos num único recipiente com o reator por cima do regenerador de catalisador e o tipo "lado a lado" em que o reator e o regenerador de catalisador estão em dois recipientes separados. Estes são os principais projectistas e licenciadores de FCC (Gary& Handwerk,2001;Sadeghbeigi,2000;Jones&Pujado, 2006;Editorial staff,2002).

i. *Lado a lado*

ii. *Configuração empilhada:*

Cada um dos licenciantes de concepções exclusivas alega ter caraterísticas e vantagens únicas. Todos os licenciantes conceberam e construíram unidades da FCC que funcionaram de forma bastante satisfatória.

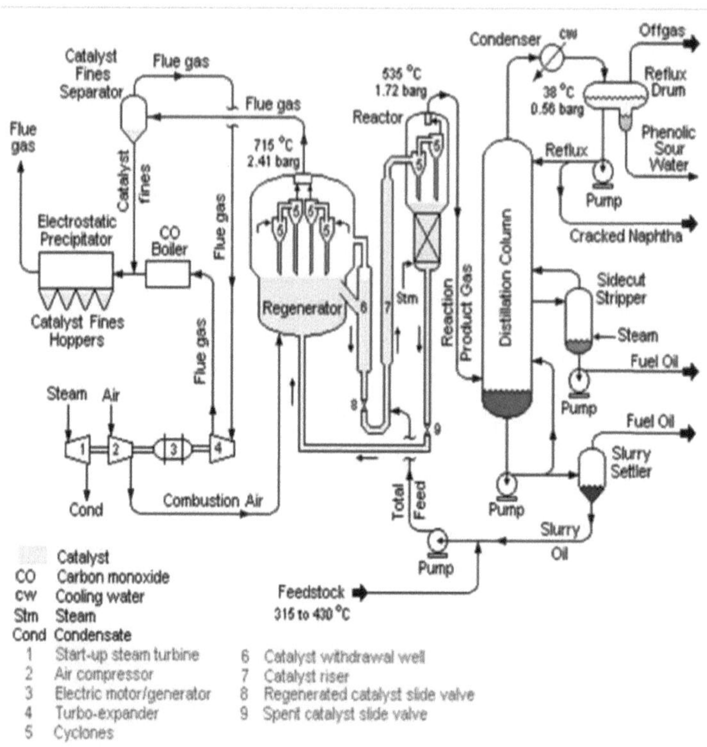

Fig. 2.8: Diagrama de fluxo esquemático de um processo de cracking catalítico em meio fluido

2.10. Reator e regenerador

O reator e o regenerador são considerados o coração da unidade de cracking catalítico fluido. O diagrama de fluxo esquemático de uma unidade de FCC moderna típica, apresentado na Figura 2. 1 baseia-se na configuração "lado a lado". A matéria-prima petrolífera pré-aquecida e com elevado ponto de ebulição (cerca de 315 a 430 °C), constituída por moléculas de hidrocarbonetos de cadeia longa, é combinada com o óleo de reciclo proveniente do fundo da coluna de destilação e injetada no *tubo de ascensão do catalisador*, onde é vaporizada e fissurada em moléculas de vapor mais pequenas, por contacto e mistura com o catalisador em pó muito quente proveniente do regenerador. Todas as reacções de craqueamento ocorrem no tubo de elevação do catalisador num período de 2-4 segundos. Os vapores de hidrocarbonetos "fluidificam" o catalisador em pó e a mistura de vapores de hidrocarbonetos e catalisador flui para cima para entrar no *reator* a uma temperatura de cerca de 535 °C e a uma pressão de cerca de 1,72 bar.

O reator é um recipiente no qual os vapores do produto de craqueamento são: (a) são separados do chamado *catalisador usado*, passando por um conjunto de ciclones de duas fases no interior do reator e (b) o *catalisador usado* flui para baixo através de uma secção de remoção de vapor para remover quaisquer vapores de hidrocarbonetos antes de o catalisador usado regressar ao *regenerador de catalisador*. O fluxo de catalisador usado para o regenerador é regulado por uma *válvula deslizante* na linha de catalisador usado.

Uma vez que as reacções de craqueamento produzem algum material carbonoso (referido como coque de catalisador) que se deposita no catalisador e reduz muito rapidamente a atividade do catalisador, o catalisador é regenerado através da queima do coque depositado com ar soprado no regenerador. O regenerador funciona a uma temperatura de cerca de 715 °C e a uma pressão de cerca de 2,41 bar. A combustão do coque é exotérmica e produz uma grande quantidade de calor que é parcialmente absorvida pelo catalisador regenerado e fornece o calor necessário para a vaporização da matéria-prima e para as reacções endotérmicas de craqueamento que têm lugar no tubo ascendente do catalisador. Por este motivo, as unidades de FCC são frequentemente designadas como "equilibradas em termos de calor".

O catalisador quente (a cerca de 715 °C) que sai do regenerador flui para um *poço de extração do catalisador*, onde quaisquer gases de combustão arrastados podem escapar e fluir de volta para a parte superior do regenerador. O fluxo de catalisador regenerado para o ponto de injeção de matéria-prima abaixo do tubo de elevação do catalisador é regulado por uma válvula deslizante na linha de catalisador regenerado. O gás de combustão quente sai do regenerador depois de passar por vários conjuntos de ciclones de duas fases que removem o catalisador arrastado do gás de combustão.

2.10. Coluna de destilação

Os vapores do produto da reação (a 535 °C e a uma pressão de 1,72 bar) fluem do topo do reator para a secção inferior da coluna de destilação (normalmente designada por *fraccionador principal*), onde são destilados para os produtos finais do FCC, a saber, nafta craqueada, fuelóleo e gás residual. Após processamento adicional para remoção de compostos de enxofre, a nafta craqueada torna-se um componente de alta octanagem das gasolinas misturadas da refinaria.

O gás do fraccionador principal é enviado para a chamada *unidade de recuperação de gás*, onde é separado em butanos e butilenos, propano e propileno e gases de menor peso molecular (hidrogénio, metano, etileno e etano). Algumas unidades de recuperação de gás de FCC podem também separar parte do etano e do etileno.

Embora o diagrama de fluxo esquemático acima apresente o fraccionador principal como tendo apenas um stripper sidecut e um produto de fuelóleo, muitos fraccionadores principais de FCC têm dois strippers sidecut e produzem um fuelóleo leve e um fuelóleo pesado. Do mesmo modo, muitos fraccionadores principais de FCC produzem uma nafta de cracking ligeira e uma nafta de cracking pesada. Neste contexto, a terminologia *"leve"* e *"pesado"* refere-se às gamas de ebulição dos produtos, sendo que os produtos leves têm uma gama de ebulição inferior à dos produtos pesados. O óleo de fundo do fraccionador principal contém partículas residuais de catalisador que não foram completamente removidas pelos ciclones no topo do reator. Por esse motivo, o óleo de fundo é designado por *slurry oil*. Parte desse óleo líquido é reciclado de volta para o fraccionador principal acima do ponto de entrada dos vapores quentes do produto de reação, de modo a arrefecer e condensar parcialmente os vapores do produto de reação à medida que entram no fraccionador principal. O restante óleo da lama é bombeado através de um decantador de lama. O óleo do fundo do decantador de lamas contém a maior parte das partículas de catalisador do óleo de lamas e é reciclado de volta para o riser de catalisador, combinando-o com o óleo de matéria-prima FCC. O chamado *óleo de chorume clarificado* ou óleo de decantação é retirado do topo do decantador de chorume para utilização noutro local da refinaria, como componente de mistura de fuelóleo pesado ou como matéria-prima de negro de fumo.

2.11. Regenerador Gás de combustão

Dependendo da escolha do projeto de FCC, a combustão no regenerador do coque no catalisador gasto pode ou não ser uma combustão completa em dióxido de carbono. O caudal de ar de combustão é controlado de modo a fornecer a relação desejada entre o monóxido de carbono (CO) e o dióxido de carbono para cada projeto específico de FCC (Elzeekogel etal.,2006)

Na conceção apresentada na Figura 2.1, o coque foi apenas parcialmente queimado em CO_2 . O gás de combustão (contendo CO e CO_2) a 715°C e a uma pressão de 2,41 bar é encaminhado através de um separador de catalisador secundário contendo *tubos de redemoinho* concebidos para remover 70 a 90 por cento das partículas no gás de combustão que sai do regenerador (Gary &Handwerk,2001; Jones&Pujab,2006) Isto é necessário para evitar danos por erosão nas lâminas do turbo-expansor através do qual o gás de combustão é encaminhado a seguir.

A expansão do gás de combustão através de um turbo-expansor fornece energia suficiente para acionar o compressor de ar de combustão do regenerador. O motor-gerador elétrico pode consumir ou produzir energia eléctrica. Se a expansão do gás de combustão não fornecer energia suficiente para acionar o compressor de ar, o motor/gerador elétrico fornece a energia adicional necessária. Se a expansão dos gases de combustão fornecer mais energia do que a necessária para acionar o compressor de ar, então o motor/gerador elétrico converte o excesso de energia em energia eléctrica e exporta-a para o sistema elétrico da refinaria (Sadeghbei,2000).

O gás de combustão expandido é então encaminhado através de uma caldeira de produção de vapor (referida como *caldeira de CO)* onde o monóxido de carbono no gás de combustão é queimado como combustível para fornecer vapor para utilização na refinaria, bem como para cumprir quaisquer limites regulamentares ambientais aplicáveis às emissões de monóxido de carbono (Sadeghbei,2000).

O gás de combustão é finalmente processado através de um precipitador eletrostático (ESP) para remover as partículas residuais, de modo a cumprir os regulamentos ambientais aplicáveis às emissões de partículas. O ESP remove as partículas de 2 a 20 μm do gás de combustão (Sadeghbei, 2000). A turbina a vapor do sistema de tratamento dos gases de combustão (ilustrada na fig. 2.8) é utilizada para acionar o compressor de ar de combustão do regenerador durante os arranques da unidade de FCC, até que haja gás de combustão suficiente para ser absorvido.

2.13. Química do cracking catalítico de fluidos

Antes de nos debruçarmos sobre a química envolvida no craqueamento catalítico, será útil discutir brevemente a composição do petróleo bruto.

O petróleo bruto é constituído principalmente por uma mistura de hidrocarbonetos com pequenas quantidades de outros compostos orgânicos contendo enxofre, azoto e oxigénio. O petróleo bruto também contém pequenas quantidades de metais como o cobre, o ferro, o níquel e o vanádio (Speight, 2006).

Tabela 2.4: Gamas de composição elementar do petróleo bruto.

Component	Percentage
Carbon	83-87%
Hydrogen	10-14%
Nitrogen	0.1-2%
Oxygen	0.1-1.5%
Sulfur	0.5-6%
Metals	< 0.1%

As gamas de composição elementar do petróleo bruto estão resumidas na Tabela 2.4 e os hidrocarbonetos no petróleo bruto podem ser classificados em três tipos (Gary & Handwerk,2001; Speight,2006):

- Parafinas ou alcanos: hidrocarbonetos saturados de cadeia reta ou ramificada, sem qualquer estrutura anelar

- Naftenos ou cicloalcanos: hidrocarbonetos saturados com uma ou mais estruturas anelares com uma ou mais parafinas de cadeia lateral

- Aromáticos: hidrocarbonetos com uma ou mais estruturas de anéis insaturados, como o benzeno, ou estruturas de anéis policíclicos insaturados, como o naftaleno ou o fenantreno, podendo qualquer deles ter também uma ou mais parafinas de cadeia lateral.

As olefinas ou alcenos, que são hidrocarbonetos insaturados de cadeia linear ou ramificada , não ocorrem naturalmente no petróleo bruto.

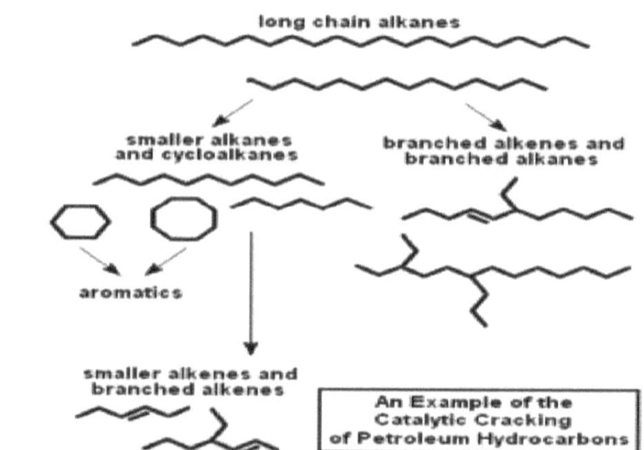

Fig.2.9: Exemplo esquemático do cracking catalítico de hidrocarbonetos de petróleo

Em linguagem simples, o processo de cracking catalítico fluido quebra grandes moléculas de hidrocarbonetos em moléculas mais pequenas, contactando-as com um catalisador em pó a uma temperatura elevada e a uma pressão moderada, que primeiro vaporiza os hidrocarbonetos e depois os quebra. As reacções de craqueamento ocorrem na fase de vapor e iniciam-se imediatamente quando a matéria-prima é vaporizada no riser do catalisador.

A Figura 2.9 é um diagrama esquemático muito simplificado que exemplifica a forma como o processo quebra hidrocarbonetos alcanos (parafinas) de cadeia linear e de elevado ponto de ebulição em alcanos de cadeia linear mais pequenos, bem como alcanos de cadeia ramificada, alcenos ramificados (olefinas) e cicloalcanos (naftenos). A quebra das grandes moléculas de hidrocarbonetos em moléculas mais pequenas é mais tecnicamente referida pelos químicos orgânicos como *cisão* das ligações carbono-carbono. Como se mostra na Figura 2.9, alguns dos alcanos mais pequenos são depois quebrados e convertidos em alcenos ainda mais pequenos e alcenos ramificados, como os gases etileno, propileno, butilenos e isobutilenos. Estes gases olefínicos são valiosos para utilização como matérias-primas petroquímicas. O propileno, o butileno e o isobutileno também são matérias-primas valiosas para certos processos de refinação de petróleo que os convertem em componentes de mistura de gasolina de alta octanagem. Como também se mostra na Figura 2.9, os cicloalcanos (naftenos) formados pela quebra inicial das moléculas grandes são posteriormente convertidos em aromáticos, como o benzeno, o tolueno e os xilenos, que entram em ebulição na gama de ebulição da gasolina e têm índices de octanas muito mais elevados do que os alcanos. No processo de cracking também é produzido carbono que se deposita no catalisador (coque de catalisador). A tendência para a formação de carbono ou a quantidade de carbono numa alimentação de crude ou de FCC é medida através de métodos como o Micro Carbon Residue, o Conrad son Carbon Residue ou o Rams bottom Carbon Residue. A Figura 2.9 não inclui, de forma alguma, toda a química das reacções primárias e secundárias que ocorrem no processo catalítico fluido. Há um grande número de outras reacções envolvidas. No entanto, uma discussão completa dos detalhes altamente técnicos das várias reacções de craqueamento catalítico está para além do âmbito deste artigo e pode ser encontrada na literatura técnica (Gary & Handwerk,2001;Speight,2006; Sadeghbeigi,2000;Jones & Pujado,2006).

2.12. Catalisador utilizado no cracking catalítico em meio fluido

Os catalisadores de FCC modernos são pós finos com uma densidade aparente de 0,80 a 0,96 g/cm^3 e com uma distribuição granulométrica que varia entre 10 e 150 µm e um tamanho médio de partícula de 60 a 100 pm (Yang,2003; NPRA,1997). O projeto e o funcionamento de uma unidade de FCC dependem em grande medida das propriedades químicas e físicas do catalisador. As propriedades desejáveis de um catalisador de FCC são:

- Boa estabilidade a altas temperaturas e ao vapor
- Alta atividade
- Poros de grandes dimensões
- Boa resistência ao desgaste
- Baixa produção de coque

2.14.1. Catalisador FCC moderno

Um catalisador moderno de FCC tem quatro componentes principais: zeólito cristalino, matriz, aglutinante e carga. A zeólita é o principal componente ativo e pode representar cerca de 15 a 50 por cento do peso do catalisador. O zeólito utilizado nos catalisadores de FCC é designado por *faujasite* ou *tipo Y* e é composto por sílica e tetraedros de alumínio, tendo cada tetraedro um átomo de alumínio ou de silício no centro e quatro átomos de oxigénio nos cantos. É um crivo molecular com uma estrutura de rede distinta que permite que apenas uma determinada gama de moléculas de hidrocarbonetos entre na rede. Em geral, o zeólito não permite que moléculas maiores que 8 a 10 nm (ou seja, 80 a 90 angstroms) entrem na rede (Yang,2003;NPRA,1997). Os sítios catalíticos no zeólito são ácidos fortes (equivalentes a 90% de ácido sulfúrico) e fornecem a maior parte da atividade catalítica. Os sítios ácidos são fornecidos pelos tetraedros de alumina. O átomo de alumínio no centro de cada tetraedro de alumina encontra-se num estado de oxidação +3, rodeado por quatro átomos de oxigénio nas extremidades, que são partilhados pelos tetraedros vizinhos. Assim, a carga líquida do tetraedro de alumina é -1, que é equilibrada por um ião de sódio durante a produção do catalisador. O ião de sódio é posteriormente substituído por um ião de amónio, que é vaporizado quando o catalisador é subsequentemente seco, resultando na formação de sítios ácidos de Lewis e de Bronsted. Em alguns catalisadores de FCC, os sítios de Bronsted podem ser posteriormente substituídos por metais de terras raras, como o cério e o lantânio, para proporcionar níveis alternativos de atividade e estabilidade (Yang,2003;NPRA,1997).

O componente da matriz de um catalisador de FCC contém alumina amorfa que também fornece locais de atividade catalítica e poros maiores que permitem a entrada de moléculas maiores do que o zeólito. Isto permite o craqueamento de moléculas de matéria-prima maiores e com maior ponto de ebulição do que as que são craqueadas pelo zeólito. Os componentes aglutinantes e de enchimento proporcionam a resistência física e a integridade do catalisador. O aglutinante é normalmente um sol de sílica e o agente de enchimento é normalmente uma argila (caulino). O níquel, o vanádio, o ferro, o cobre e outros contaminantes metálicos, presentes nas matérias-primas de FCC na ordem das partes por milhão, têm todos efeitos prejudiciais na atividade e no desempenho do catalisador. O níquel e o vanádio são particularmente problemáticos. Existem vários métodos para mitigar os efeitos dos metais contaminantes (Schercer,1990;Chu,2013):

- Evitar matérias-primas com elevado teor de metais: Este facto prejudica seriamente a flexibilidade de uma refinaria para processar vários petróleos brutos ou matérias-primas de FCC adquiridas.

- Pré-tratamento da matéria-prima: A hidrogenodessulfurização da matéria-prima de FCC remove alguns dos metais e também reduz o teor de enxofre dos produtos de FCC. No entanto, trata-se de uma opção bastante dispendiosa.

- Aumento da adição de catalisador novo: Todas as unidades de FCC retiram uma parte do *catalisador de equilíbrio* em circulação como catalisador usado e substituem-no por catalisador novo, a fim de manter um nível de atividade desejado. O aumento da taxa desta troca reduz o nível de metais no *catalisador de equilíbrio em circulação,* mas esta é também uma opção bastante dispendiosa.

- Desmetalização: *O processo Demet*, de propriedade comercial, remove o níquel e o vanádio do catalisador gasto retirado. O níquel e o vanádio são convertidos em cloretos que são então lavados para fora do catalisador. Após a secagem, o catalisador desmetalizado é reciclado no catalisador em circulação. Foram registadas remoções de cerca de 95% de níquel e de 67 a 85% de vanádio. Apesar disso, a utilização do processo Demet não se generalizou, talvez devido ao elevado investimento de capital necessário.

- Passivação de metais: Certos materiais podem ser utilizados como aditivos que podem ser impregnados no catalisador ou adicionados à matéria-prima do FCC sob a forma de compostos metal-orgânicos. Estes materiais reagem com os contaminantes metálicos e passivam-nos, formando compostos menos nocivos que permanecem no catalisador. Por exemplo, o antimónio e o bismuto são eficazes na passivação do níquel e o estanho é eficaz na passivação do vanádio. Estão disponíveis vários processos de passivação patenteados que são bastante utilizados.

Os principais fornecedores de catalisadores de FCC a nível mundial incluem a Albemarle Corporation, a W.R. Grace Company e a BASF Catalysts (anteriormente Engelhard). O preço do óxido de lantânio utilizado no cracking catalítico fluido aumentou de 5 dólares por quilograma no início de 2010 para 140 dólares por quilograma em junho de 2011 (McAfee, 2016).

2.13. Gestão de Catalisadores

A adição contínua de catalisador fresco ao "catcracker" é essencial por, pelo menos, três razões:

- Para manter uma atividade e seletividade óptimas do catalisador

- Para manter os metais no catalisador de equilíbrio a um nível aceitável

- Para completar o inventário do catalisador em circulação, compensando as perdas de catalisador

Os seguintes factores podem servir de orientação para a gestão do catalisador

i. O nível ótimo de atividade da E.cat, determinado pela qualidade da alimentação, pelas limitações da unidade e pelos requisitos de rendimento/qualidade do produto

ii. A gama de metais, principalmente N:V e Na, a ser tolerada no catalisador de equilíbrio, numa base temporária ou permanente.

iii. A resposta da atividade de equilíbrio (E.cat) à adição de gato fresco.

O nível ótimo de atividade do catalisador fresco deve ser determinado para qualquer operação específica. Geralmente, quanto mais limpa for a alimentação, maior será a atividade do catalisador que pode ser aplicada para aumentar a conversão. À medida que a alimentação se torna mais pesada e mais contaminada, são óptimas actividades de catalisador mais moderadas, devido principalmente a restrições de equilíbrio térmico. Existem três políticas alternativas de gestão do catalisador:

i. Adição equilibrada

A quantidade de catalisador fresco adicionado é igual às perdas de catalisador. A atividade e a seletividade óptimas do catalisador não são frequentemente obtidas apenas com uma adição equilibrada.

ii. Retirada do catalisador

A taxa de adição de catalisador fresco é igual à soma das perdas e retiradas de catalisador. Este tipo de operação é praticado para reduzir o envenenamento por metais ou para melhorar a substituição do catalisador.

iii. Lavagem do catalisador

A adição de E.cat ou de catalisador de descarga de baixa atividade é aplicada para evitar uma atividade de aquário ou coque delta demasiado elevados e reduzir o custo total do catalisador, especialmente durante uma operação com perdas elevadas ou com metais elevados.

2.14. Regeneração do catalisador

A regeneração contínua do catalisador de FCC tem sido objeto de muitos desenvolvimentos ao longo do tempo, resultando na construção de regenerações mais pequenas, com um menor inventário de catalisador, funcionando a um nível de pressão e temperatura mais elevado. A redução da retenção de catalisador na unidade permite, em geral, uma substituição mais rápida do catalisador através da adição e retirada regulares de catalisador.

O maior desenvolvimento na regeneração do catalisador é a utilização de um promotor de combustão de CO. Isto permite um melhor controlo das temperaturas do regenerador e melhora a flexibilidade de funcionamento em termos de consumo de ar e de composição dos gases de combustão. O catalisador que sai do reator de FCC contém normalmente até 1 % em peso de coque com uma relação C/H de cerca de unidade. Os principais objectivos da regeneração consistem em queimar o coque do catalisador a fim de restaurar a sua atividade e manter o equilíbrio térmico da unidade.

2.15. CatalystDesign

Nos anos quarenta e cinquenta, quando o cracking catalítico começou a crescer, só havia um único tipo de catalisador de cracking disponível. Com a introdução dos catalisadores de zeólito nos anos sessenta e o número crescente de tecnologias de fabrico nos anos setenta e oitenta, a seleção de catalisadores tornou-se mais difícil, mas também mais intrigante, a fim de maximizar as margens de lucro na refinação. Os catalisadores de FCC actuais são compostos por vários ingredientes, tais como

- Zeólitos (Faujasites de tipo Y, ZSM-5)
- Matrizes activas (Sílica-Aluminas, Aiuminas,...)
- Aglutinante, Caulino, Armadilhas de metal

As zeólitas são silicatos de alumínio cristalinos microporosos. Existem processos para a síntese de zeólitos com uma estrutura semelhante à de minerais conhecidos, bem como de zeólitos sem equivalente natural, como, por exemplo, o ZSM-5 que é utilizado em aditivos de aumento de octano. Para os catalisadores de FCC, interessa sobretudo o zeólito do tipo Y (Faujasite), com uma relação sílica/alumina de cerca de 5.

A estrutura da Faujasite é apresentada na fig. 2.10. A estrutura da zeólita é composta por átomos de silício, alumínio e oxigénio, formando uma estrutura rígida de tetraedros, ligados entre si em cubo-octaedros. Os átomos de silício nos tetraedros de SiO_4 são parcialmente substituídos por átomos de alumínio e por um número correspondente de iões de sódio que compensam a carga. Estes iões de sódio são bastante móveis e podem ser trocados por NH ou terras raras (Re^{3+}). Esta troca iónica é essencial para os zeólitos utilizados como catalisadores de craqueamento, porque gera sítios activos para o craqueamento.

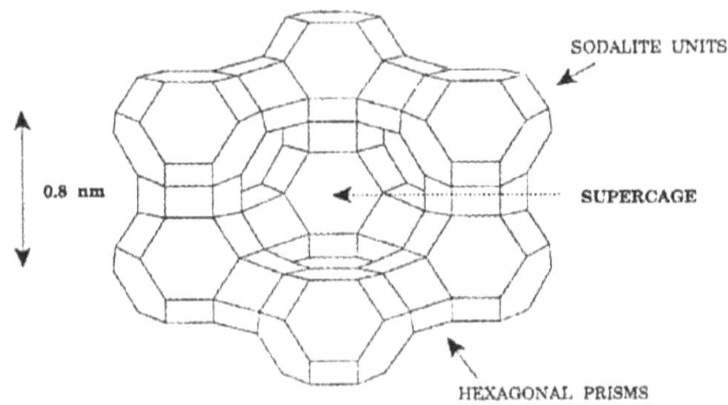

Fig.2.10: A estrutura dos zeólitos de Faujasite tipo X α Y

Os zeólitos trocados por terras raras (REY e REUSY) são preferidos em catalisadores de craqueamento porque apresentam uma excelente estabilidade e atividade. No entanto, como as terras raras aumentam as reacções de transferência de hidrogénio, a olefina do produto e os octanos de investigação são reduzidos. Durante os anos oitenta, os teores de terras raras foram ligeiramente reduzidos, tendo sido desenvolvidas outras técnicas para compensar a perda de estabilidade e atividade do zeólito.

As aberturas dos poros do zeólito (0,8 nm) são demasiado estreitas para as moléculas médias da matéria-prima, pelo que é necessário um pré-cracking. As matrizes activas são aplicadas para dar ao catalisador uma distribuição adequada do tamanho e da atividade dos poros e uma boa acessibilidade aos locais altamente activos do zeólito. Estas matrizes também protegem o zeólito dos venenos do catalisador, como o vanádio e o sódio. A dimensão dos poros e a distribuição da atividade do catalisador devem ser adaptadas à qualidade da matéria-prima e ao rendimento do produto pretendido.

O caulino serve de carga e não contribui diretamente para a atividade do catalisador. O aglutinante confere ao catalisador a resistência necessária. Os actuais catalisadores de FCC secos por pulverização consistem em microesferas que têm excelentes propriedades de fluidização e são resistentes ao atrito. O tamanho médio das partículas é de cerca de 70 microns no catalisador fresco e ligeiramente superior no equilíbrio, dependendo da eficiência dos ciclones no reator e no vaso regenerador.

A fig. 2.10 apresenta uma imagem simplificada de uma partícula típica de um catalisador de FCC. Na prática, a distribuição dos materiais activos é mais homogénea do que a ilustrada nesta imagem, que serve apenas para ilustrar a complexidade dos catalisadores de FCC. Não é visível, obviamente, a grande área de superfície interna e o volume dos poros, que constituem a base da atividade do catalisador.

2.18. Reacções básicas na FCCU: Cracking térmico e catalítico.

Como a temperatura de mistura à entrada do riser é consideravelmente superior a 500° C, pode ocorrer algum craqueamento térmico. Este é especialmente o caso, quando ocorrem diferenciais de temperatura radiais não uniformes devido à mistura insuficiente da alimentação relativamente fria com o catalisador regenerado quente (700° C).

THERMAL CRACKING

$$R\text{—}CH_2\text{—}CH_2\text{—}CH_2\cdot \quad \rightarrow R\text{—}CH_2 + CH_2\text{—}CH_2$$

CATALYTIC CRACKING

$$R\text{—}CH_2\text{—}CH_2\text{—}CH_2\text{—}CH_2\text{—}\overset{+}{C}H\text{—}CH_3 \rightarrow R\text{—}CH_2\text{—}CH_2\text{—}CH_2\text{—}\overset{+}{\underset{CH_3}{C}}\text{—}CH_3$$

$$R\text{—}CH_2\text{—}CH_2\text{—}CH_2\text{—}\overset{+}{\underset{CH_3}{C}}\text{—}CH_3 \rightarrow R\text{—}CH = CH_2 + CH_3\text{—}\overset{+}{\underset{CH_3}{C}}\text{—}CH_3$$

$$CH_3\text{—}\overset{+}{\underset{CH_3}{C}}\text{—}CH_3 + \overset{+}{H} \rightarrow CH_3\text{-}\overset{H}{\underset{CH_3}{C}}\text{-}CH_3$$

O craqueamento térmico tem lugar, como um mecanismo de craqueamento radical. Após sucessivas etapas de craqueamento, obtém-se um produto rico em C e C2. A quantidade de butadieno é relativamente elevada, embora o C_4 seja produzido em pequenas quantidades. O grau de ramificação é também muito reduzido.

2.19. Eficiência do catalisador e da FCCU

O nível de octano mais elevado que pode ser obtido na unidade fcc nem sempre é alcançado através da aplicação de um catalisador com o potencial de octano mais elevado. Os índices de octano aumentam com a conversão e a temperatura do reator. Para obter os mais elevados índices de octano, a unidade de FCC deve ser operada com a máxima severidade possível. Ao escolher o catalisador certo, as restrições da unidade, como o gás hidrogénio, o GPL ou o coque, podem ser aliviadas, criando assim possibilidades de aumentar o octano com a severidade do cracking.

A adição de um aditivo contendo zeólitos 25m-5 à unidade de FCC resulta em números de octanas mais elevados, menor rendimento da gasolina e um aumento do PHH, principalmente C_3 e C_4 olefina, sem aumento da produção de gás. Os octanos mais elevados são causados por um aumento dos aromáticos da gasolina, bem como por uma diminuição do peso molecular. Este é um efeito de concentração resultante da remoção preferencial do componente não cíclico da gasolina através do craqueamento.

2.20. Efeitos do catalisador

Uma das propriedades importantes de um catalisador de FCC que influencia o seu desempenho em termos de octanas é o teor de terras raras. O tratamento térmico de zeólitos trocados com terras raras resulta na formação de sítios ácidos adicionais e, consequentemente, aumenta a atividade, devido à hidrólise de iões de terras raras parcialmente hidratados para um determinado tipo de zeólito, diminuindo o nível de terras raras resultará numa menor taxa de transferência de hidrogénio em relação ao craqueamento, consequentemente a octanagem da gasolina aumentará.

A análise de amostras de gasolinas comerciais indica que um aumento da oleosidade da gasolina provoca inicialmente um aumento do RON e um aumento menos acentuado do MON. A uma maior olefincidade, a resposta do RON estabiliza-se e o ganho de MON desaparece. A melhoria da MON requer um tipo de zeólito com elevada carbeninumion. Isto pode ser conseguido utilizando zeólitos com uma distribuição homogénea de atividade e um equilíbrio de alumina estrutural e não estrutural combinado com troca de terras raras. A Tabela 2.5 mostra que um catalisador USY com troca parcial de terras raras apresenta um maior grau de ramificação e uma maior aromaticidade do que um catalisador USY.

Tabela 2.5: Efeito da zeólita na composição da gasolina e no octano

S/n	Zeolite		RE-Y	USY	RE-USY
1	Saturates	Normal	2.1	2.0	2.3
		branched	21.5	14.7	16.4
		cycliz	11.5	11.8	9.7
2	Olefins	Normal	12.1	11.6	13.1
		Branched	19.4	23.1	23.6
		cycliz	6.6	12.0	7.8
3	Naphthences		18.1	23.8	17.5
	aromatres		26.8	24.8	27.1
4	Avera molecular		88.0	87.1	85.9
	weight		89.3	93.7	94.3
	RON		78.5	79.2	81.6
	MON				

A matéria-prima é o destilado pesado de lavagem árabe

2.21. Seleção de catalisadores em FCC

A seleção do catalisador de FCC desempenha um papel importante na otimização das margens de refinação. São frequentemente necessários ensaios exaustivos, tanto em laboratório como em unidades comerciais, para efetuar a escolha adequada do catalisador. Os critérios para testar e selecionar catalisadores de FCC são derivados dos objectivos comerciais de FCC e das restrições operacionais. Com base nestes critérios, os programas de avaliação podem ser concebidos com testes de desempenho específicos, por exemplo, no que se refere à atividade, seletividade, estabilidade hidrotérmica, resistência aos metais e capacidade de remoção.

2.22. Margem de refinação

A principal estratégia na indústria de refinação é, naturalmente, melhorar o modelo simplificado derivado para indicar as principais áreas que afectam a refinaria ou um processo de refinação específico.

$$\text{Feedstocks} \qquad \text{Costs} \qquad \text{Products}$$
$$V_f \qquad OC \qquad V_p$$

$$\rightarrow \text{REFINING INDUSTRY} \rightarrow$$

$$V_p = c \cdot V_{up} + (1\text{-}c) \cdot V_f$$
$$T = \text{throughput}$$
$$c = \% \text{ of } T \text{ "upgraded"}$$

$$\text{REFINING MARGIN} = T \cdot c \cdot (V_{up} - V_f) - OC$$

Simplified calculation of the refining margin

Com base neste modelo, é possível formular as principais estratégias operacionais para melhorar a margem da refinaria:

i.   Aumentar a capacidade de conversão da refinaria

Basicamente, isto só pode ser conseguido através do aumento da conversão nas unidades existentes, expandindo a capacidade de conversão da refinaria. Em geral, um aumento do rendimento será compensado por uma diminuição da conversão se não houver capacidade de conversão ociosa ou flexibilidade operacional disponível.

ii.   Aumentar o valor dos produtos actualizados

Trata-se de uma estratégia que depende da seletividade dos vários processos de refinação: o aumento do cetano do gasóleo,124 octano da gasolina ou o teor de olefinas do GPL resultará num valor mais elevado dos produtos melhorados. As alterações nos mercados da refinação e a legislação ambiental terão uma forte influência neste aspeto da margem da refinaria (por exemplo, reformulação da gasolina e valor do isobuteno).

iii. Reduzir o valor da matéria-prima

Se uma refinaria tiver capacidade suficiente de tratamento (HDS, HDN, HOM, ...) e de conversão (TC, FCC, MHC, HC, ...), pode obter-se um aumento da margem global através da conversão de uma matéria-prima de menor valor no mesmo pacote de produtos de elevado valor desejado. É claro que aqui o valor das matérias-primas (enxofre, gravidade, ...) será influenciado e determinado pela disponibilidade e preço.

iv. Reduzir os custos de funcionamento

Nesta estratégia, são optimizados factores como os custos de exploração por barril de petróleo bruto processado e a eficiência e escala das operações da refinaria. São também tidos em conta os grandes custos "out-of-pocket" e, nalguns casos, as despesas com catalisadores.

2.22.1. Desafios na refinação

Podemos resumir os principais desafios e oportunidades da indústria de refinação nos seguintes pontos:

i. Produção de (novos) combustíveis reformulados para o futuro mercado dos combustíveis para transportes (Tecnologias de Novos Produtos).

ii. Adaptação à (nova) regulamentação ambiental para o sector das refinarias (Segurança e Ambiente).

iii. Reduzir o excesso de capacidade e resistir à concorrência feroz no sector da refinação (eficiência na redução dos custos).

A força motriz de i e ii é o surgimento de nova legislação ambiental nos
EUA, que se espera que se estenda a todo o mundo.

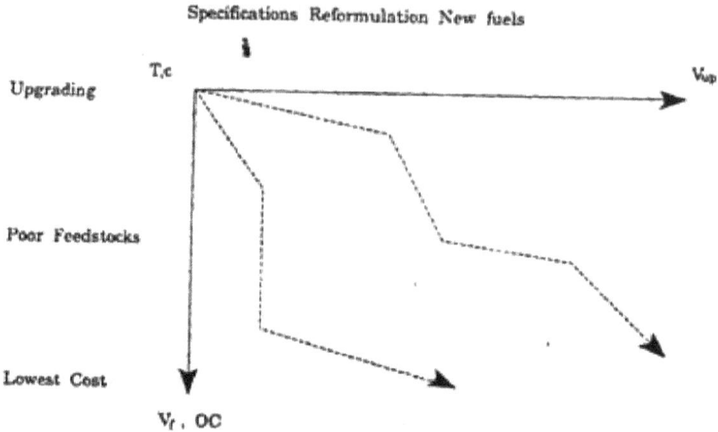

Fig. 2.11: Desafios nas indústrias de refinação

A força motriz de (iii) é a expansão da indústria de refinação dos países
produtores de petróleo e o surgimento de novas economias em
desenvolvimento e as expansões conexas da capacidade de refinação, como
por exemplo na região Ásia-Pacífico. Além disso, a redução (local) da oferta
e das reservas de petróleo bruto conduzirá a indústria a uma maior
necessidade de um melhoramento mais eficiente das matérias-primas mais
pobres.

É ainda muito difícil prever em que medida um dos principais factores
acima referidos (legislação ambiental versus tendências económicas
globais) irá dominar a indústria das refinarias na próxima década.

2.22.2. Objectivos da FCC

As diferentes estratégias de funcionamento das refinarias acima referidas podem ser traduzidas em objectivos de FCC para aumentar as margens das refinarias. Por exemplo, a instalação de uma unidade de hidroconversão de resíduos resultará numa alteração da capacidade do FCC para processar o resíduo (tratado) (capacidade do FCC res), numa alteração dos rendimentos (melhoramento do FCC) e no consumo de catalisador (custos de funcionamento do FCC). Globalmente, este esquema de hidroconversão de resíduos - FCC de resíduos resultará numa redução do termo "valor da matéria-prima" da equação da margem da refinaria. Os catalisadores de FCC desempenham um papel importante na definição do grau de conversão de FCC e das objectividades necessárias para seguir a estratégia de funcionamento da refinaria. Os critérios de desempenho do catalisador para os diferentes objectivos de FCC podem variar substancialmente e nem sempre são congruentes. Por conseguinte, o desenvolvimento e a seleção do catalisador de FCC terão de se centrar especificamente nos factores críticos de sucesso do catalisador necessários. Tal depende dos condicionalismos de funcionamento da unidade de FCC.

STRATEGIES   FCC OBJECTIVES

APPLICATIONS

Upgrade Capacity Feedrate, Conversion   C

Product Value   Octanes, LPG composition

$F0_1,0_2$

Feed Cost   Feed Quality, Reside

R_1,R_2

Operating Cost   Catalyst cost, Coke

C,R_2

Seleção do catalisador na FCC

Podemos distinguir 3 aplicações principais da FCC:

Esta aplicação significa aumentar a conversão de FCC ou manter a conversão com custos de funcionamento reduzidos.

2.23. Cinética de fracturação

A reação global de craqueamento pode ser descrita com cinética de pseudo-2ª ordem. A produção de gasolina é controlada por um mecanismo de reacções consecutivas que pode ser representado por:

ALIMENTAÇÃO -▶ GASOLINA -▶ GÁS + COQUE

Uma pequena parte da matéria-prima é convertida diretamente em gás e coque. Consequentemente, a seletividade inicial para a gasolina é da ordem de 0,8 - 0,9, dependendo da capacidade de craqueamento da matéria-prima e da qualidade do catalisador. Na operação comercial, a seletividade da gasolina é de 0,6 - 0,7.

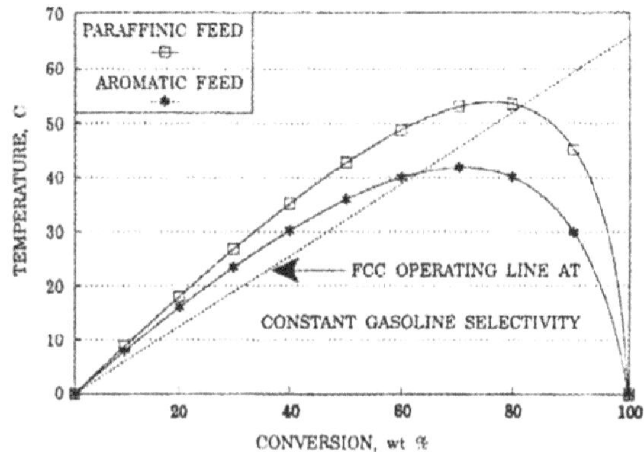

Fig. 2.12: Efeito da conversão no rendimento da gasolina.

O rendimento máximo da gasolina aumenta com o grau de parafina da matéria-prima. As unidades que funcionam no lado direito do máximo estão a trabalhar no chamado modo de sobrecracking, o que é benéfico para a produção de GPL e para os octanos da gasolina, especialmente o MON. A seletividade real da gasolina é controlada pela severidade das condições de reação e não altera a forma das curvas.

2.23. Gravidade e balanço térmico

A conversão da alimentação na unidade de FCC aumenta com a temperatura do reator e com a atividade do catalisador. Na prática, o caudal de alimentação e a severidade do funcionamento são equilibrados face às limitações do processo, a fim de manter a rentabilidade da unidade de FCC ao mais alto nível possível. Os octanos da gasolina de FCC situam-se normalmente na gama de 90 - 94 RON, 79-81 MON, dependendo da qualidade da matéria-prima e da severidade da reação ou da temperatura de saída do riser. A qualidade do catalisador desempenha frequentemente um papel importante quando se trata de lidar com as limitações da unidade e as qualidades do produto. O catcracking de fluidos é um processo de equilíbrio térmico, o que significa que a maior parte da energia necessária para aquecer a alimentação até à temperatura do reator é aumentada ou a temperatura de alimentação é reduzida, sendo retirado do regenerador mais catalisador quente por tonelada de alimentação. Consequentemente, a relação cat/óleo (toneladas de catalisador em circulação por tonelada de alimentação), bem como a produção de coque (wt% de coque na alimentação) aumentam. Surpreendentemente, isto não influencia muito o coque no catalisador em termos simples:

O rendimento de coque (na alimentação total) é proporcional à diferença entre a temperatura de saída do riser e a temperatura de alimentação combinada.

A alimentação é dispersa no tubo ascendente com vapor. A percentagem de vapor depende do projeto e da queda de pressão dos bicos. As taxas normais de vapor são de 1-4% em peso na alimentação. No decapante, os vapores de óleo são removidos dos espaços intersticiais entre as partículas do catalisador e, em certa medida, da área de superfície intrapartícula. A taxa de vapor depende do projeto do decapante e da capacidade de decapagem do catalisador. Como regra geral, são comuns taxas de vapor de remoção de

2-5 kg por tonelada de catalisador em circulação. O teor de coque do catalisador que flui do decapador do reator para o regenerador determina a temperatura do regenerador. A diferença de coque no catalisador entre o catalisador que flui para e do regenerador é o delta de coque:

$$\textbf{delta coke(wt\% on cat) = coke yield(wt\% on feed)/cat-to-oil}$$
$$\textbf{ratio}$$

O coque delta é muito sensível às flutuações da qualidade da alimentação e do catalisador. O regenerador pode funcionar num modo de combustão parcial ou total de CO. No modo de combustão total de CO, é necessário ar em excesso e está presente muito pouco CO no gás de combustão. Para melhorar a combustão do CO em CO_2 , é necessário um promotor de combustão, que pode ser adicionado separadamente à unidade, mas também pode ser fornecido com o catalisador novo. Se uma unidade funcionar com uma combustão parcial de CO, está normalmente disponível uma caldeira de CO para queimar o CO remanescente no gás de combustão e o regenerador é controlado a uma temperatura constante (do leito). As temperaturas do regenerador são mais elevadas na combustão total de CO e oscilam para cima e para baixo com o delta de coque, devido à remoção quase completa do coque.

Tabela 2.6: Diferentes opções para a produção de olefinas leves em FCC

Catalyst options		Base low RF	Base + ZSM.5	Low RE)÷ mesopores	Base cat high RXT
Reactor temperature,	°C	525	525	525	540
$C_2=$	wt%	2.6	2.6	2.4	3.3
LPG	wt%	16.4	18.8	15,9	20.4
Gasoline	wt%	45.0	42.7	46.4	44.2
Desired products:					
$C_3 =$	wt%	4.2	5.2	4.1	6.2
iC=	wt%	1.8	2	2.0	2.1
$nC_4=$	wt%	4.5	5	4.5	5.5
$IC_4=$	wt%	3.5	3.8	3.5	3.7
Undesired products:					
C_3	wt%	1.4	1.7	1.2	1.8
NC_4	wt%	1.0	1.1	0.6	1.0
Total 'wet gas'	wt%	19.0	21.3	18.4	23.6

ADZ-50 com catalisador

2.25: Desenvolvimentos futuros

Um desenvolvimento interessante no domínio do cracking catalítico foi recentemente anunciado pela SINOPEC, na República Popular da China. Como projeto de demonstração, uma unidade tradicional de FCC foi remodelada para permitir o "Deep Catalytic Cracking" ou DCC. Embora se conheçam poucos pormenores, pensa-se que esta abordagem inovadora implica uma reação a temperaturas muito elevadas (cerca de 600° C) com catalisadores não zeolíticos. Os rendimentos dos produtos deste processo são comparados com os das operações mais tradicionais de FCC e de craqueamento a vapor.

Tal como no craqueamento a vapor a alta temperatura, obtém-se uma mistura de produtos muito olefínicos com o DCC, com uma seletividade atractiva para o propileno e os butenos. Para a restante gasolina, foi comunicado um RON de 99. O MON não foi comunicado, embora se espere que a concentração de compostos aromáticos na gasolina produza um número igualmente impressionante. Os aspectos menos desejáveis da operação DCC são os rendimentos obviamente elevados de coque e gás combustível. No entanto, se o rendimento da unidade não for a principal consideração, novas unidades de base podem ser projectadas em torno destes parâmetros operacionais. Curiosamente, a SINOPEC anunciou recentemente o projeto de construção de quatro unidades DCC que espera utilizar para expandir a sua já grande presença como fornecedor mundial de olefinas e poliolefinas.

Tabela 2.7: Comparação de FCC com alta adição de ZSM-5, com SC e DCC

Process		FCC Base	FFC *)	Steam cracking	Deep cat cracking
Conditions	°C	525	540	900	600
Reactor temp	sec	1.5	1.5	0.3	?
Contact time					
Product yields					
C^2	wt%	2.6	3.2	26.5	10.5
LPG	wt%	16.4	31.8	28.7	.40.2
Gasoline	wt%	45.0	33.6	18.9	22.1
Coke	wt%	5.0	5.2	0.2	10.6
Desired products:					
$C_3=$	wt%	4.2	11.4	13.9	19.0
$iC_4=$	wt%	1.8	3.0	3.6	6.2
$C_4=$	wt%	4.4	7.7	3.4	8.3
$C_4=$	wt%	0.1	0.2	5.0	0.2
iC_4	wt%	3.5	5.2	**)	2.1
Undesired products:					
C_3	wt%	1.4	3.2	2.8	3.3
NC_4	wt%	1.0	1.1	**)	1.1
Total Wet gas"	wt%	19.0	35.1	55.2	50.7

Extrapolação grosseira baseada na alta temperatura do reator (540° C), baixo RE + catalisador de alta atividade de mesoporos e altas adições de ZSM-5. Reciclado até à extinção.

Obviamente, são necessárias inovações significativas a nível da conceção para garantir um período de funcionamento de, pelo menos, um ano para uma grande unidade comercial com conversão catalítica profunda. Na última década, a maioria das unidades de FCC foi renovada para o processamento de matérias-primas mais pesadas e para o funcionamento em regime de combustão parcial ou total de CO, através da modernização do regenerador para uma maior produção de olefinas leves, parecendo ser uma opção viável a modernização da zona de entrada do reator e dos fraccionadores para um funcionamento a alta temperatura.

Também apresenta dados de FCC com alta adição de ZSM-5 e aumento das temperaturas de saída do riser, mostrando que o FCC mantém um baixo iC $=/C_{44}$ = em comparação com o processo DCC. Poderão ser de interesse outras adopções do catalisador para se aproximar da razão termodinâmica.

2.25.1. Fratura de resíduos em FCC

As alterações na qualidade das matérias-primas podem ter um forte impacto no desempenho do "catcracker". Isto é especialmente válido quando a porção de resíduos de vácuo na alimentação é aumentada. Os novos desenvolvimentos na conceção do FCC centram-se no processamento de resíduos que contêm níveis elevados de metais e precursores de coque. Estas operações também exigem uma seleção cuidadosa do catalisador.

2.25.2 Atualização de resíduos na FCC

Atualmente, estão disponíveis vários processos para a valorização dos resíduos, nomeadamente: hidroprocessamento de resíduos, coqueamento (fluido), cracking catalítico fluido e FCC de resíduos, nalguns casos combinados com a hidroconversão de resíduos como etapa de pré-tratamento. De particular interesse é a atual vaga de novos projectos em que estão incluídas opções de FCC de resíduos.

Prevê-se que estes projectos representem pelo menos 50% do aumento mundial do consumo de catalisadores de FCC nos próximos cinco anos.

CAPÍTULO 3

RESUMO DOS RESULTADOS

Na figura 2.4, um ensaio numa instalação-piloto com óleos de ciclo leve e pesado tratados com hidrogénio demonstra a relação entre a MON e os monoaromáticos. Abaixo de um determinado nível de conversão de FCC, a relação deixa de ser válida, uma vez que não são quebradas moléculas suficientes de óleos de ciclo em gasolina. Testes em instalações-piloto em laboratório comprovaram a relação entre a MON e os monoaromáticos. No entanto, encontra-se muito pouco benzeno na gasolina de FCC (0,3-1,0 wt.%). Na tabela 2.1, a gasolina é o produto mais abundante (40-50%), seguido do óleo de ciclo leve (15-25%). A presença de mais aromáticos na matéria-prima resulta numa maior produção de coque, o que pode reduzir os números de conversão e de octanas. O Ni,N e os componentes polares da matéria-prima aumentam os aromas e diminuem o índice de octanas. A sua remoção, por exemplo, através da dessulfuração, tem um efeito positivo. As matérias-primas para FCC tratadas com hidrogénio ou ligeiramente craqueadas têm normalmente um teor de aromáticos inferior ao das matérias-primas não tratadas. A um nível de conversão igual, isto pode conduzir a números de octanas mais baixos. No entanto, devido a uma melhor craqueabilidade da matéria-prima, é possível obter conversões mais elevadas com o mesmo grau de severidade, melhorando assim os índices de octano e os barris. A fiabilidade dos dados pode ser melhorada através de uma validação cuidadosa. Na fig.2.7, a densidade cai na linha de melhor ajuste. Os outliers não têm um ponto de dados erróneo. No quadro 2.2, os efeitos das condições da unidade e da qualidade da alimentação são imediatamente visíveis nos dados diários de desempenho, ao passo que os efeitos do catalisador são normalmente notados a longo prazo. A decomposição térmica dos cloretos inorgânicos produz ácido clorídrico que dá origem a graves problemas de corrosão no fraccionador. Os metais causam envenenamento e desativação. Os ácidos orgânicos promovem a corrosão metálica e aumentam a quimisorção de compostos de azoto, resultando numa desativação temporária. O quadro 2.5 mostra que o catalisador USY com permuta parcial de terras raras dá um maior grau de ramificação e maior aromaticidade do que um catalisador USY. Na fig. 2.12, o rendimento máximo de gasolina aumenta com a parafina da matéria-prima. A seletividade real da gasolina é controlada pela severidade das condições de ração e não altera a forma das curvas. A conversão da alimentação em FCC aumenta com a temperatura do reator e com a atividade do catalisador. Para maximizar o lucro, a taxa de alimentação e a severidade da operação são equilibradas contra as restrições do processo.

A alimentação da unidade de FCC, por exemplo, VGO, a alta temperatura e pressão, na presença de um catalisador, por exemplo Zeolite, num reator catalítico de leito fluidizado (riser), é transformada em vapor. O vapor e o catalisador são separados com a ajuda de ciclones (desacoplamento). Enquanto que o catalisador pode ser reciclado para o reator após decapagem e regeneração, o vapor de craqueamento é separado num fraccionador em gás combustível, alimentação rica em propileno, alimentação rica em butano, gasolina, gasóleo leve, óleo de decantação e coque. Os produtos mais leves são removidos por cima como vapores e os produtos mais pesados como líquidos por condensação e destilação dos produtos não convertidos utilizando refluxo nos níveis superior e intermédio do fraccionador principal para remoção de calor e fracionamento. A estabilização dos produtos, por exemplo, a gasolina, é efectuada nas secções subsequentes da FCCU. Alguns dos avanços neste processo de FCC são a modernização da catálise de zeólito, a melhoria da margem de refinação, a melhoria da severidade e do equilíbrio térmico, o catcracking fluido, o coque delta melhorado, o cracking catalítico profundo, a modernização do reator, do regenerador e dos fraccionadores, o cracking de resíduos, a modernização de resíduos utilizando o hidroprocessamento de resíduos, o coking, o cracking catalítico fluido de resíduos, a hidroconversão de resíduos, que pode ser combinada com o FCC de resíduos em alguns casos. Estes avanços resultam em melhores rendimentos e lucros. São necessárias mais inovações, uma vez que os mercados mundiais de combustíveis estão a mudar da gasolina para o gasóleo.

CAPÍTULO 4

CONCLUSÃO

Entre os processos secundários de refinação de petróleo: O craqueamento, a reforma, a alquilação, a isomerização e a polimerização, o craqueamento catalítico fluido é o mais proeminente e o mais importante na maioria das refinarias de alta conversão. É o principal meio de produção de combustível para jactos de aviação e de gasolina de alta octanagem, compensando a gasolina produzida na unidade de topping. É a principal fonte de importantes matérias-primas petroquímicas industriais, tais como alimentos ricos em propileno, alimentos ricos em butano e óleo decantado, para além do gás combustível e do coque. A investigação e o desenvolvimento dos processos e produtos de FCC resultaram em mudanças fundamentais em termos de inovação e avanços, incluindo o advento da catálise de zeólito, o cracking catalítico fluido, o cracking catalítico profundo, o cracking de resíduos e a modernização de resíduos, para mencionar apenas alguns. Além disso, os mercados mundiais estão a mudar para o gasóleo, o que, mais uma vez, constitui uma força motriz para novas inovações. Embora o craqueamento catalítico de fluidos seja uma tecnologia madura, está longe de estar estagnada. As próximas décadas irão certamente continuar esta tendência.

CAPÍTULO 5

RECOMENDAÇÕES

Recomenda-se que:

i. A investigação deve ser incentivada noutros processos de refinação secundária, de modo a aumentar o progresso nesses processos, tal como acontece no cracking catalítico fluido.

ii. Dado que os mercados mundiais de combustíveis estão a mudar da gasolina para o gasóleo, deve ser encorajada a inovação do processo catalítico de combustível para aumentar o rendimento do gasóleo.

iii. Deve ser incentivada a investigação avançada sobre a valorização dos resíduos, a fim de melhorar o défice da balança de combustíveis nigeriana e reduzir a escassez peri-anual de combustível na Nigéria.

REFERÊNCIAS

Avidan,A., Edwards,M & Owen,H.(1990). Melhorias inovadoras destacam o passado e o futuro da FCC. *Oil & Gas Journal* 88(2) (Mobil Research and Development) (8 de janeiro de 1990). Houdry.(2013). Processo de Craqueamento Catalítico. Sociedade Americana de Química. Retrieved: outubro, 27, 2013.

Chu, S. (2011). Estratégia para os materiais críticos. *Departamento de Energia dos Estados Unidos.* Acedido em: 28 de outubro de 2013. Editorial Staff.(2002). Processos de Refinação. *Hydrocarbon Processing.* 108-112.

ElzeaKogel,J., Trivedi,N.C., Barber J.M & Krukowsk S.T. (Editores) (2006). *Industrial Minerals & Rocks: Commodities, Markets and Uses* (Sétima ed.), Society of Mining, Metallurgy and Exploration.

Gary,J.H & Handwerk,G.E. (2001). *Petroleum Refining: Technology and Economics* (4th ed.) USA: CRC Press. Hoffmann,A.C& Stein, L.E. (2002). *Gas Cyclones and Swirl Tubes:Principles, Design and Operation* (1ª ed.) Springer.

Jones, D & Pujado,P. (Editores) (2006). *Handbook of Petroleum Processing* (Primeira ed.) EUA: Springer.

McAfee,A.(2016). Pioneiro do Cracking Catalítico: Aimer McAfee na Gulf Oil (Sociedade Norte-Americana de Catálise)

Murphree,E. & Horsemen,F. (2016).Fluid Catalytic Cracking. Sociedade Norte-Americana de Catálise NPRA. (1997). Passivate Vanadium on FCC Catalysts for Improved Refinery Profitability (1997 Annual National

Reunião da Associação de Petroquímicos e Refinadores (NPRA))
Palucka,T.(2005). O Mago da Octanagem: Eugene Houdry. *Invenção &
Tecnologia* 20(3)

Sadeghbeigi, R. (2000). *Fluid Catalytic Cracking Handbook* (2ª ed.) EUA:
GulfPublishing.

Scherzer,J.(1990). *Catalisadores zeolíticos para FCC que aumentam o
octano: Aspectos científicos e técnicos.* CRC Press.

Speight,J.G. (2006). *The Chemistry and Technology of Petroleum* (4ª Ed.)
EUA: CRC Press.

Yang, W. (2003). *Handbook of Fluidization and Fluid Particle Systems
(Manual de Fluidização e Sistemas de Partículas Fluidas).* EUA: CRC
Press.

APÊNDICES

APÊNDICE 1: PATENTES

Quadro Al.l: As patentes

Patent Number	Inventor and Date	Assignee	Title
U.S. 8,110,092	Petri 7th Feb., 2012.	UOP LLC	Process for recovering energy from FCC Product
U.S. 8,128,806	Baptista *etal.* 6th March.2012	Petroleo Brasileiro S.A. - Petrobras	Process and equipment for fluid catalytic cracking for the production of middle distillates of low aromaticity
U.S. 8,163,168	Gorbaty *etal.* *24th*	Exxon Mobil Research	Process for flexible vacuum gas

	April,2012	and Engineering Co.	oil conversion
U.S. 226,818	Sandaecz 24th July, 2012	UOP LLC	FCC process with spent catalyst recycle
U.S. 8,246,914	Mehlberg *etal.* 21st August,2012	UOP LLC	Fluid catalytic cracking system
U.S. 8,323,477	Couch *etal.* 4th Dec.,2012	UOP LLC	Process for mixing regenerated and carbonized catalyst.

APÊNDICE 2

MATERIAIS E EQUIPAMENTOS DE PROCESSAMENTO, REFINARIA DE WARRI FCCU, NIGÉRIA.

Capacidade da fábrica: 3.940,1 MT/dia de gasóleo de vácuo.

Catalisador: Zeólito

Tabela A2.1: Produtos e quantidades obtidos do Balanço de Materiais através da FCCU, Refinaria de Warri, Nigéria.

Products	Quantity (kg/d)
Fuel gas	96,532.45
Propylene rich feed	141,499.59
Butene rich feed	373,521.48
Gasoline	1,928,678.95
Light Gas oil	788,808.02
Decant Oil	386,523.81
Coke	224,585.70
Total	3,940,100

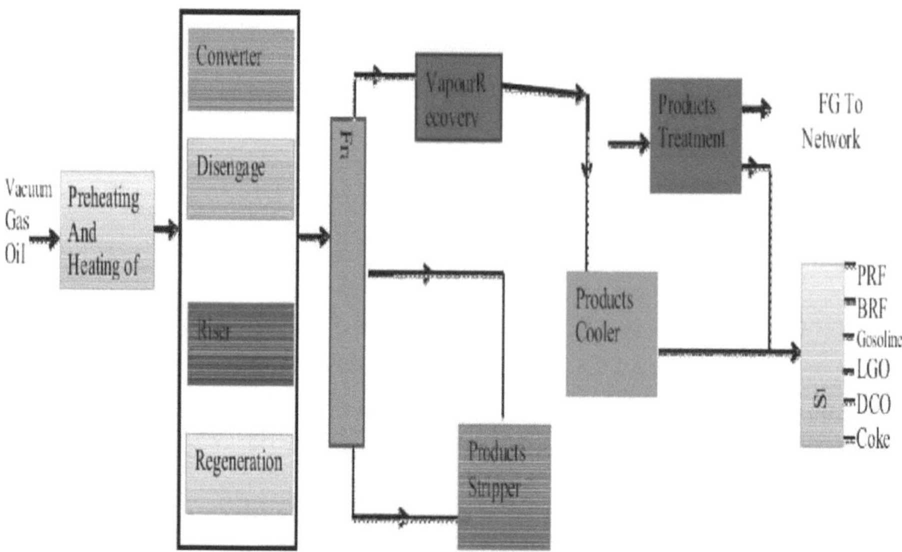

Fig. A2.Л: Diagrama de fluxo de blocos da unidade de craqueamento catalítico fluido da refinaria de Warri, Nigéria

A2.2: Vista pictórica da unidade de cracking catalítico fluido-1

Fig. A2.3: Vista pictórica da Unidade de Craqueamento Catalítico Fluido-2

I want morebooks!

Buy your books fast and straightforward online - at one of world's fastest growing online book stores! Environmentally sound due to Print-on-Demand technologies.

Buy your books online at
www.morebooks.shop

Compre os seus livros mais rápido e diretamente na internet, em uma das livrarias on-line com o maior crescimento no mundo! Produção que protege o meio ambiente através das tecnologias de impressão sob demanda.

Compre os seus livros on-line em
www.morebooks.shop

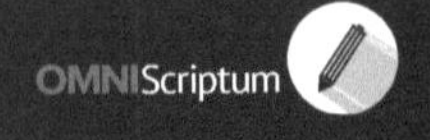

Printed by Books on Demand GmbH, Norderstedt / Germany